LA NUEVA CIENCIA POST-MATERIALISTA

10 ideas clave para los futuros científicos

Francisco Vozmediano Muñoz

Noviembre de 2024

Título original: Los nuevos 10 mandamientos de la ciencia.

ISBN: 978-84-1092-070-5

Editorial: BoD · Books on Demand, Calle de Manzanares, 4,

28005 Madrid, bod@bod.com.es

Impresión: Libri Plureos GmbH, Friedensallee 273,

22763 Hamburg (Alemania)

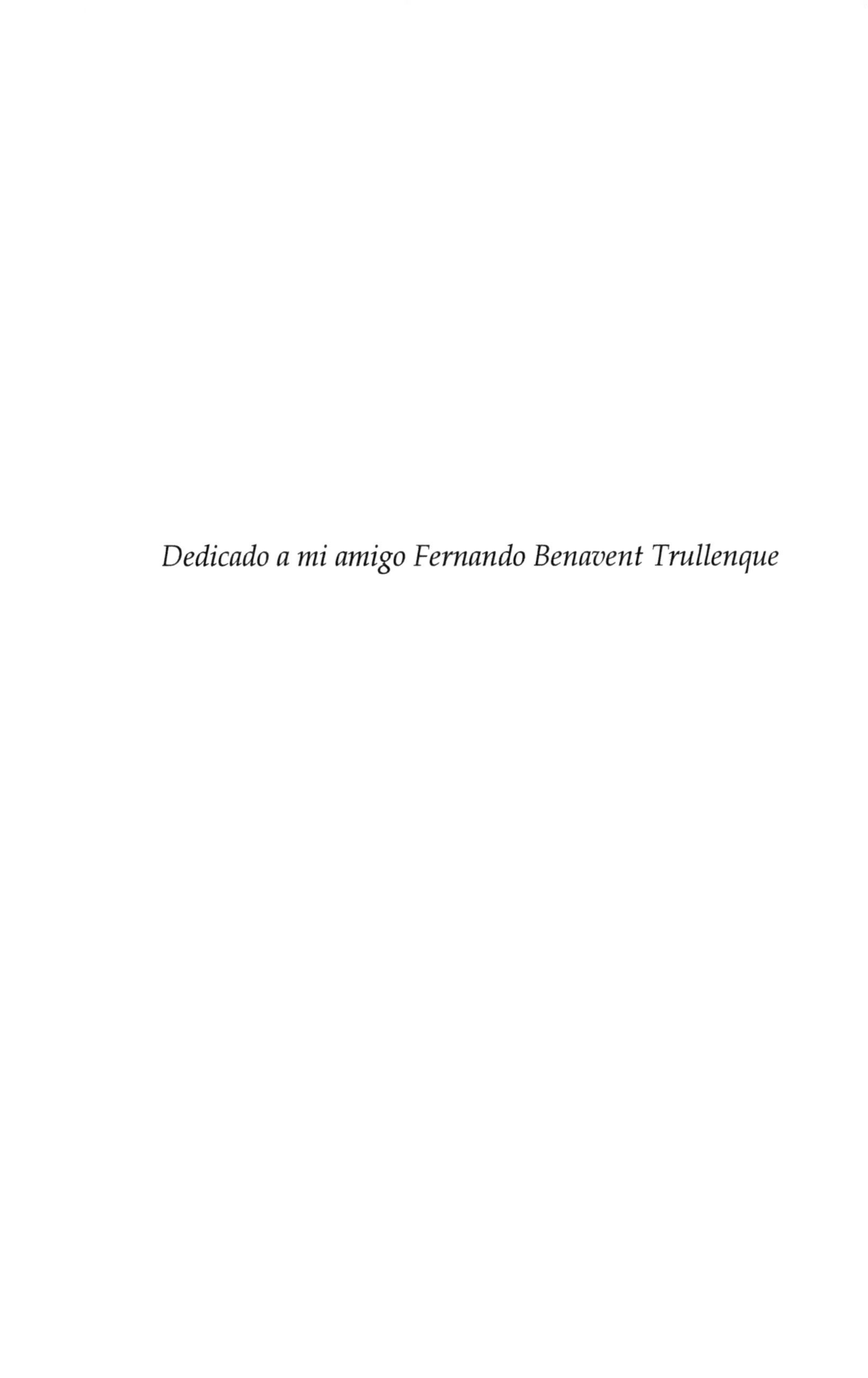

Dedicado a mi amigo Fernando Benavent Trullenque

FSC
www.fsc.org
MIXTO
Papel procedente de
fuentes responsables
Paper from
responsible sources
FSC® C105338

ÍNDICE

El Universo Físico es el cuerpo, la Dimensión Profunda es su mente, y el Amor la mayor energía.

0 EL NUEVO PARADIGMA

Como demostró Thomas S. Kuhn en su conocida obra *La estructura de las revoluciones científicas,* la historia de la ciencia está compuesta por diferentes períodos gobernados por lo que él llamó paradigmas, conjuntos de supuestos básicos, creencias y técnicas que comparten todos los miembros de la comunidad académica durante un período de tiempo determinado.

La ventaja del paradigma es que los límites que impone permiten la profundización y el detalle, provocando una super-especialización que impulsa el progreso más rápidamente.

De esta forma, en cada período de tiempo, la actividad científica (denominada por Kuhn "ciencia normal") consiste en resolver problemas dentro de las limitaciones conceptuales de su paradigma dominante.

Durante un tiempo, el paradigma proporciona modelos de soluciones a los problemas que se estudian en determinados campos, aunque a largo plazo el propio paradigma se convierte en una limitación, al no poder resolver ciertas cuestiones clave.

Llega un momento en el que se apartan los problemas que la ciencia normal no puede resolver de este modo, considerándose anomalías, y se exhibe una ostensible intolerancia con quienes se atreven a formular nuevas teorías.

Cuando las observaciones experimentales de los llamados fenómenos anómalos cuestionan seriamente los supuestos básicos del paradigma científico vigente, y la mayoría de los científicos admiten que muchos de los problemas no pueden resolverse, entonces se empiezan a formular alternativas originales fuera de lo establecido. Este es un período de ciencia "anormal", según Kuhn, que finaliza cuando es aceptada una de dichas alternativas por la comunidad académica, convirtiéndola en el nuevo paradigma que gobernará la subsiguiente elaboración teórica de la ciencia, comenzando así un nuevo período histórico.

Kuhn opina que se suele confundir el paradigma dominante con la descripción última de la realidad: este tema lo analizaron Gregory Bateson y Alfred Korzybski, quien demostró que existe la tendencia de los científicos a (usando palabras de Korzybski) "confundir el mapa con el territorio".

El paradigma actual, que ha dominado la elaboración científica durante los últimos años, aunque ha supuesto grandes progresos, ya está agotado al no poder afrontar ciertas cuestiones clave, debido a que presenta el mundo como algo casual, sin sentido en su origen ni en su finalidad, inerte y mecánico.

Por ejemplo, la medicina y la biología son disciplinas científicas que aún adoptan en sus investigaciones el modelo mecanicista. En la biología no se han integrado hasta ahora los conocimientos procedentes de la física cuántica. En neurociencia, la teoría hasta ahora vigente se niega a abordar el estudio de las anomalías, porque se basa en la falacia de que toda experiencia consciente se reduce al mero funcionamiento de la red neuro-axonal, que es un fenómeno electroquímico y no puede explicar la cuestión de la medición cuántica (el hecho de que la conciencia produce fenómenos cuánticos).

En la actualidad están siendo cuestionados seriamente los supuestos básicos del paradigma científico materialista dominante, ya que existen numerosas disciplinas científicas repletas de observaciones experimentales paradójicas reveladoras de nuevos hechos, necesitando con urgencia un cambio de modelo.

Un buen número de experimentos realizados en instituciones de alto prestigio no encajan con la visión de la ciencia prevaleciente hasta ahora de entender el mundo como si fuera sólo una máquina casual.

Nos encontramos en el período de transición, mientras se está alumbrando el nuevo enfoque. Durante este intervalo de "ciencia anormal" han surgido algunas nuevas perspectivas o formulaciones, como *la teoría del holomovimiento* de David Bohm, *las estructuras disipativas* de Ilya Prigogine, *la teoría de los campos morfogenéticos y la resonancia mórfica* de Rupert Sheldrake, *el modelo holográfico del cerebro* de Karl Pribram, *el campo akáshico* de Ervin Laszlo, *la psicología transpersonal* de Ken Wilber, etc.

1 TODO ESTÁ INTERCONECTADO

En el Cosmos todo está interconectado a nivel cuántico, influyéndose de manera instantánea y no local.

El nuevo paradigma no se basa en considerar meras partículas de materia que interactúan en un espacio y un tiempo pasivos e independientes. Según la nueva realidad científica, todas las cosas del Universo están, de alguna forma, interconectadas entre sí, y con el espacio y el tiempo.

¿Cómo se ha llegado a esta conclusión? Contemos la historia desde el principio.

En 1935, Albert Einstein, junto a Boris Podolski y Nathan Rosen publicaron una paradoja teórica (denominada EPR por las iniciales de sus autores) que pretendía mostrar la insuficiencia de la teoría cuántica. Dicha paradoja se basa en lo siguiente: Supongamos un sistema en reposo que se desintegra en un par de partículas similares entre sí. Obedeciendo a los principios de conservación de los momentos lineal y angular, dichas partículas viajarán en sentidos opuestos y si, cuando se han alejado a una gran distancia, se mide el espín (momento angular interno) de cualquiera de ellas se sabrá necesariamente el de la otra, ya que esas magnitudes están anti-correlacionadas y se tienen que anular mutuamente.

Según la mecánica cuántica, las dos partículas y el observador forman parte de un solo sistema, no existiendo separación entre ellos. Así, para la interpretación estándar de la mecánica cuántica, las magnitudes físicas no están determinadas antes de que se haga una medición de las mismas. Según esto, como los dos espines deben anularse entre sí, la medición de la primera partícula produce un efecto instantáneo sobre la segunda. Debido a la gran distancia, ello implicaría una comunicación más rápida que la luz o bien una acción a distancia no-local.

Por otro lado, para la física clásica la interconexión no-local es un fenómeno anómalo. Según ella, los espines siempre tuvieron el mismo valor desde que las partículas se separaron. Considerando el principio de localidad de Einstein (el estado de separación a gran distancia entre las partículas) junto con su teoría de la relatividad especial (el hecho de que nada puede viajar más rápido que la luz) se concluye que la medición de una partícula no puede influir sobre la otra, por lo que la interpretación estándar de la mecánica cuántica reflejaría nuestra ignorancia de ciertas variables locales ocultas que determinan el valor de los espines. Es decir, tendrían que existir variables ocultas que la teoría cuántica no contempla.

Ante esta discrepancia se hacía necesaria alguna prueba experimental. El físico John Bell propuso en 1964 un teorema en forma de desigualdad matemática que necesariamente debe cumplirse y que puede probarse experimentalmente (por ejemplo, usando fotones y detectando su polarización, en lugar de usar electrones midiendo sus espines), de manera que en caso de detectarse una violación de dicha desigualdad ello indicaría la existencia de una acción no-local.

En 1982, Alain Aspect llevó a cabo un experimento que puso a prueba dicha paradoja, usando una versión práctica de la desigualdad de Bell. Sus resultados verificaban experimentalmente la no-localidad, consistente en que la interacción entre los fotones no disminuye con la distancia, sino que puede operar instantáneamente. Es decir, el mundo estaría sustentado sobre una realidad invisible que conectaría diferentes lugares instantáneamente sin tener que atravesar el espacio. Pero la aceptación de los resultados del experimento de Aspect, que se basan en el análisis estadístico, no gozó de un consenso generalizado en la comunidad científica.

Ha habido que esperar hasta 2015, para que el equipo de Ronald Hanson de la universidad de Delft realizase un experimento que proporciona una prueba prácticamente indiscutible de que existen interconexiones a distancia en la naturaleza. Dicho experimento, combinando electrones con fotones que forman un estado cuántico entrelazado de 4 partículas, consigue probar de manera concluyente el test de Bell y descarta la existencia de variables ocultas locales.

Este fenómeno de no-localización puede definirse como la capacidad de una partícula cuántica, como un electrón, de influir en otra partícula instantáneamente, con independencia de la distancia y sin intercambio de fuerza o energía.

Los pares de partículas originadas o procedentes de la misma fuente, aun teniendo espines opuestos, permanecen interconectadas intrínsecamente. Las entidades cuánticas retienen su vínculo una vez que han estado en contacto; aun separadas, las acciones de una siempre influirán en la otra. La medición de una de las partículas tiene un efecto instantáneo sobre la otra, independientemente de la distancia a la que puedan encontrarse.

La no-localización, a nivel cuántico, desvelaría el hecho de que existe algo instantáneo o que viaja más aprisa que la velocidad de la luz; se puede aceptar que una parte de ese algo es la información. La información impregna toda realidad física y es lo que sostiene la unión entre la energía-materia y el espacio-tiempo.

Este campo fundamental de información, compartido a través de cualquier escala, genera materia organizada y sistemas auto-organizados. Dicho proceso da lugar a mecanismos evolutivos donde el entorno y el individuo se influyen mutuamente. Todo ello "en una totalidad interconectada no local".

Hasta ahora, la ciencia ha aceptado la interconexión sólo a nivel cuántico. Pero ya se están obteniendo resultados a un nivel macroscópico. Existen resultados experimentales que indican características no locales en sistemas biológicos. En el año 2000, Miroslav Hill observó que se producían mutaciones de células en un medio aislado, como respuesta a toxinas que habían sido aplicadas sobre células hijas en un cultivo separado.

El mundo puede concebirse como un sistema entrelazado cuántico en el que interactúan todos sus elementos. Las partículas subatómicas aisladas no tienen sentido, sólo en interrelación pueden comprenderse. Todo es una trama compleja de interrelaciones.

El Universo está altamente interconectado y entrelazado, por lo que puede decirse que en última instancia es Uno.

2 ¿HAY MÁS DE TRES DIMENSIONES ESPACIALES?

El universo posee varias dimensiones adicionales "enrolladas" en la estructura plegada del cosmos.

Considerándolas por separado, la mecánica cuántica y la relatividad general funcionan correctamente cada una de ellas en su ámbito de aplicación, explicando y prediciendo los fenómenos a los que se aplican. Sin embargo, tal como están formuladas en la actualidad, dichas teorías no pueden ambas ser ciertas a la vez: la curvatura del espacio descrita por la relatividad general resulta incompatible con el frenético comportamiento ultramicroscópico que se deduce de la mecánica cuántica.

Normalmente, para resolver los problemas de la física se requiere el uso de la Mecánica Cuántica (en dominios muy pequeños) o de la Relatividad General (en escalas muy grandes) pero no se precisa de ambas teorías juntas. No obstante, existen situaciones extremas como en la proximidad del punto central de un agujero negro, donde una gran masa está asociada a un tamaño minúsculo. Para comprender y manejar un caso como ese se requiere de las dos teorías. En los problemas aplicados a circunstancias de ese tipo, el cálculo combinado de ambas teorías, tal como están formuladas actualmente, conduce a soluciones absurdas.

Como consecuencia del Principio de Incertidumbre, incluso en cualquier región vacía del espacio existe una gran cantidad de actividad y agitación microscópica que aumenta según se consideran distancias y escalas de tiempo cada vez menores. Si se quiere medir con mayor precisión la posición de un electrón, aumentando mucho la frecuencia de la luz proyectada, los efectos resultan muy perturbadores debido a la mayor energía de los fotones incidentes. A distancias cortas con tiempos muy breves, el principio de incertidumbre describe movimientos frenéticos de las partículas.

Pero este principio no afecta únicamente a la posición de las partículas, la energía y el momentum también son inciertos en cualquier región vacía del espacio, y sus valores fluctúan entre valores cada vez más extremos a medida que las dimensiones y el tiempo de observación son menores. Se crean y aniquilan partículas, y se producen bruscas oscilaciones de los campos electromagnéticos y de los campos de las fuerzas nucleares fuerte y débil. Incluso el campo gravitatorio está sometido a las fluctuaciones cuánticas inherentes al principio de incertidumbre.

En escalas de distancia muy pequeñas esas violentas fluctuaciones cuánticas anulan el concepto fundamental de geometría espacial lisa de la teoría de la relatividad general (que el espacio es plano en ausencia de masa), haciendo incompatible esta teoría con la mecánica cuántica.

Los intentos anteriores de unificar la relatividad general con la mecánica cuántica se han centrado en la fuerza electromagnética, creando la llamada electrodinámica cuántica o teoría de campo cuántico relativista. También se han creado teorías cuánticas de campos para las fuerzas nuclear fuerte (la cromo-dinámica cuántica) y nuclear débil (la teoría cuántica electro-débil). Al conjunto de esas tres teorías no gravitatorias y sus 3 familias de partículas se le ha denominado Modelo Estándar de la física de partículas.

No obstante existe un enfoque que consigue solucionar el problema porque es capaz de unificar las leyes de lo muy pequeño, descritas por la mecánica cuántica, y de lo muy grande, que obedecen a la relatividad general, ofreciendo un marco en el que éstas dos teorías se necesitan la una a la otra. La aparente incompatibilidad queda resuelta de manera sorprendente cuando los componentes básicos de la materia (lo que entendemos como partículas elementales, tanto los electrones como los quarks) se consideran en realidad bucles unidimensionales, filamentos oscilantes que los físicos han denominado "cuerdas".

Esos bucles, al igual que las cuerdas de un instrumento musical, tienen ciertas frecuencias de resonancia, unos modos específicos preferentes de vibración (lo que, en el caso de un instrumento, nuestros oídos perciben como notas musicales) en los que un número entero de senos y picos encaja en su extensión espacial.

En esta teoría cada partícula elemental (o transmisora de fuerza) está formada por una única cuerda. Los modos resonantes predominantes de vibración de las cuerdas se manifiestan como las diferentes "partículas" que conocemos (materiales o de fuerza) con unas masas y cargas determinadas. La masa de una partícula está determinada por la energía del modo vibratorio de su cuerda interna, mientras las cargas (eléctrica, fuerte y débil) están determinadas por el modo resonante exacto de vibración de la cuerda, es decir, su nota musical.

La teoría de las supercuerdas (en adelante, para abreviar, teoría de cuerdas) presenta los componentes fundamentales del universo no como partículas puntuales sino como vibrantes filamentos unidimensionales de una longitud media equivalente a la longitud de Planck. Así, la escala natural de la teoría de cuerdas es la escala de Planck. Se trata de una teoría que aún no puede comprobarse experimentalmente, porque la capacidad actual de precisión con la que se pueden examinar las supuestas partículas puntuales del modelo estándar está muy lejos de la denominada "longitud de Planck"[1] .

En el modelo estándar de la física cuántica los constituyentes fundamentales del universo son partículas puntuales sin una estructura interna, no existiendo un tamaño mínimo fundamental. Pero, como ya hemos visto anteriormente, a escalas ultramicroscópicas, cuando se consideran distancias menores que la longitud de Planck, las violentas fluctuaciones que aparecen evitan poder incorporar la gravedad en el marco de la mecánica cuántica.

Pero los investigadores han determinado que es el hecho de formular la mecánica cuántica y la relatividad general en términos de partículas puntuales lo que produciría las problemáticas ondulaciones, porque con la teoría de cuerdas se descartan esas propiedades del espacio a distancias cortas, suavizándose milagrosamente las violentas ondulaciones cuánticas (debido a que el tamaño de las cuerdas es del orden de la longitud de Planck, y eso establece un tamaño de pixel fundamental), que son la causa que obstaculizaba la compatibilidad entre la mecánica cuántica y la relatividad general.

---

[1] La longitud de Planck tiene el valor 1,616199 x 10^{-35} m. (miles de millones de veces menor que un átomo).

El modelo estándar no es una teoría definitiva porque no incluye la gravedad, al no haber encontrado experimentalmente a la hipotética partícula que la transmite: el gravitón. Todas las partículas y antipartículas de la materia tienen un espín igual al del electrón (de valor 1/2, que corresponde al momento angular). Los portadores de fuerzas no gravitatorias (fotones, gluones y bosones gauge de la fuerza débil) tienen en cambio todos espín 1. Si se detectase el gravitón, este debería tener espín 2.

En la teoría de cuerdas, el espín surge, igual que la masa y las cargas de fuerza, del modo de vibración ejecutado por la cuerda en cuestión. La teoría de cuerdas incluye a la gravedad como parte intrínseca de su formulación, lo cual queda garantizado con el hecho de que contiene un modo resonante de vibración que presenta las propiedades exactas del gravitón (masa cero y espín 2).

Se ha calculado que la cuerda correspondiente al gravitón tendría una tensión de unas 1039 toneladas, llamada "tensión de Planck", lo que correspondería a una energía también extremadamente elevada, que sería la que pondría en movimiento a dicha cuerda.

Las energías inherentes a los modos vibratorios de las cuerdas son múltiplos enteros de un valor energético mínimo proporcional a la tensión de la cuerda en cuestión. Esos valores fundamentales mínimos son múltiplos de lo que se conoce como "energía de Planck", que traducida a masa mediante la fórmula E=mc2 corresponde a unas 1019 veces la masa de un protón. Esta se conoce como "masa de Planck".

Cuando se aumenta la energía de una cuerda más allá del valor que se requiere para el sondeo de estructuras en la escala de Planck, no se agudiza la capacidad de discriminación. Luego no se podrían sondear longitudes por debajo de la escala de Planck, lo que implica que en la teoría de cuerdas pueden ignorarse las frenéticas oscilaciones cuánticas de distancias cortas, como hemos apuntado anteriormente,. Podría decirse que existe un límite o pixel mínimo en la naturaleza, justo del tamaño anterior a que se encuentre la espuma cuántica.

La teoría de cuerdas, además de cuerdas unidimensionales, contiene otras posibilidades de componentes bi- y tri-dimensionales que están aún por estudiar más a fondo. Por otro lado, la intensidad de la fuerza electromagnética aumenta al observarla a escalas cada vez más cortas, mientras las intensidades de las fuerzas nucleares fuerte y débil decrecen. Esta característica indica lo prometedor de la teoría de cuerdas en la unificación de la física, porque Georgi, Quinn & Weinberg han realizado cálculos que demuestran que si se examinan las tres fuerzas no gravitatorias en distancias del orden de 10-31 m (diez mil veces la longitud de Planck), las intensidades de estas fuerzas resultan ser equivalentes (iguales).

Actualmente hay un gran número de físicos en el mundo que se encuentran intentando construir el aparato matemático adecuado a la teoría de cuerdas. Han encontrado que esta teoría (la cual consigue la unificación de la física tan largamente deseada) sólo encuentra su coherencia matemática asumiendo que el universo posee una dimensión temporal y diez dimensiones espaciales, siete de ellas "enrolladas" en cada punto de las tres dimensiones extendidas. Es decir, propugna la existencia de siete dimensiones espaciales adicionales a las tres dimensiones que conocemos. Dichas dimensiones adicionales se encontrarían enrolladas en cada punto material de las tres dimensiones visibles y tendrían longitudes inferiores a la longitud de Planck. Por consiguiente, son absolutamente indetectables con la tecnología actual.

Todas las dimensiones enrolladas tendrían una extensión espacial menor que cualquier escala medible experimentalmente. La geometría de esas dimensiones adicionales determina los patrones de resonancia de las vibraciones que se manifiestan como las cargas y las masas de las partículas que podemos observar en las tres dimensiones visibles. Al igual que la geometría riemanniana se desarrolló para describir las propiedades curvas del universo descritas en la relatividad general, a escalas del orden de la longitud de Planck se está utilizando un nuevo marco o formalismo matemático que se denomina "geometría cuántica".

Otra consecuencia de esta teoría es que, en caso de considerar que el universo pueda contraerse después de su actual expansión, según la teoría de cuerdas el universo no podría comprimirse a un tamaño inferior a la longitud de Planck; no se terminaría produciendo una contracción o "big crunch" hasta el tamaño cero sino que se produciría una especie de salto, de manera que a partir de la longitud de Planck comenzaría un nuevo ciclo de expansión.

¿Podría estar la materia oscura dentro de esas dimensiones indetectables?

3 ¿EXISTE UNA REALIDAD PROFUNDA NO MATERIAL?

Existe una dimensión interna del Cosmos que está más allá de la observación y la medida.

Actualmente van surgiendo pruebas que indican que en la base de la realidad física existe un campo fundamental, más allá del espacio-tiempo. del que surgen las partículas y las fuerzas. Este campo sería una especie de "realidad o dimensión profunda" que podría interpretarse en términos de bits discretos de información que interactúan generando energía y masa (por otro lado, nada nos impide considerar que existe una posible relación entre esta realidad oculta y las dimensiones adicionales enrolladas propuestas por la teoría de las supercuerdas).

Según la mecánica cuántica, la ecuación de onda de Schrödinger define todos los estados posibles de un sistema cuántico en forma de distribución de probabilidad. El estado de las partículas subatómicas está abierto a todas las posibilidades, hasta que un observador o una medida (es decir, la conciencia humana) las convierte en algo fijo. Cuando el sistema es medido u observado las probabilidades colapsan en un estado clásico (partícula). Los fundadores de la mecánica cuántica se dieron cuenta de que el observador es la clave, pero no supieron cómo incluirlo en las fórmulas matemáticas.

Antes de la medición el estado de las partículas es probabilístico, el sistema (la función de onda cuántica) no está en el espacio-tiempo sino en el plano complejo que, lejos de ser un artificio matemático, sería real y contendría todas las probabilidades superpuestas de su estado. Es decir, el plano complejo parece ser una dimensión o dominio del mundo físico más allá del espacio-tiempo. Esta dimensión interactuaría con la dimensión medible, y proporcionaría la información cuántica que define los fenómenos espacio-temporales.

La función de onda de una partícula (y las leyes de la naturaleza en general) se origina en ese plano complejo, que podría identificarse con lo que diversos autores han denominado "Campo de Punto Cero", "Vacío Cuántico" u "Orden Implicado" y las tradiciones antiguas han descrito como el Tao, el Akasha, etc[2] . Dichas tradiciones pueden concebirse como preservadoras de remotos conocimientos heredados de alguna avanzada civilización anterior en el tiempo. Su carácter "sagrado" habría permitido la transmisión del conocimiento a través de las generaciones[3] .

No existe tal cosa como la nada o el vacío. La mecánica cuántica ha demostrado que el vacío es un hervidero de actividad subatómica. El Campo Punto Cero es un mar de vibraciones ubicuo en el Universo. Albert Einstein y Otto Stern demostraron en 1913 que el vacío cuántico (la estructura del espacio-tiempo en la escala cuántica) experimenta excitaciones incluso a 0 grados Kelvin, lo cual se ha bautizado como "Energía del Punto Cero".

En el modelo estándar de la física, todas las partículas están en un estado de constante movimiento debido a un campo básico de energía que interactúa con toda la materia subatómica. Según la teoría del campo cuántico, las fluctuaciones electromagnéticas de la estructura espacio-temporal (la fluctuación del vacío cuántico) en el nivel atómico son tan grandes que cada punto del espacio resulta tener una cantidad de energía infinita. Al tratar de sumar todos los modos de oscilación para calcular la energía del vacío cuántico, matemáticamente se obtiene un valor infinito.

---

[2] Otas denominaciones alternativas son: "Campo Profundo", "Holocampo Akáshico", "Matriz Profunda", etc.

[3] En el taoísmo, el Tao es fuente de toda creación y de toda vida, es equivalente a una dimensión profunda de la que todas las cosas surgen y a la que todas regresan. Por otro lado, en los textos védicos como las Upanishads se describen las formas de los distintos reinos más allá del espacio-tiempo. Para esas escrituras, el reino del éter o quinto elemento se considera el "cuerpo sutil del universo", donde todas las cosas existen potencialmente.

Como ya hemos visto en el anterior capítulo, la teoría de cuerdas soluciona el problema referente a las fluctuaciones cuánticas en las escalas más pequeñas, porque en esa teoría existe un límite inferior de tamaño: la longitud de Planck. De acuerdo con ello, para resolver el mencionado problema de cálculo de la energía del vacío se ha utilizado una "renormalización", usando un valor límite: el oscilador de la longitud de onda de Planck, que es la oscilación más pequeña posible del campo electromagnético. Así, para el valor de la densidad de energía del vacío se calcula la "densidad de Planck", sumando el número de oscilaciones de Planck en un centímetro cúbico de espacio. No obstante, a pesar de esa renormalización, sigue obteniéndose un valor muy alto para la densidad de energía del vacío.

El vacío puede considerarse un "holocampo" lleno de energía más allá del espacio-tiempo. Existiría un holograma universal no-local más allá del espacio y del tiempo, real pero invisible, origen de lo manifestado físicamente y que podría contener toda la información del Universo como un campo ininterrumpido de conciencia.

Ervin Laszlo ha formulado una de las teorías alternativas en este cambio de paradigma, intentando unir la ciencia natural con el estudio de la mente y la espiritualidad, mediante una hipótesis de conectividad y la recuperación de un concepto milenario: el campo akáshico. Según él, el mundo objetivo está in-formado[4] , por una dimensión superior o más profunda que los rishis de la India llamaban Akasha. El Akasha es existencia omnipresente que todo lo penetra y no puede ser percibido. Todo lo que tiene forma se desarrolla a partir de este Akasha, que se hace perceptible al densificarse y tomar forma.

---

[4] Expresión utilizada por E. Laszlo, que incluye en una misma palabra dos conceptos: "formado" e "informado".

Dicha "dimensión profunda" sería un dominio fundamental en la escala de Planck funcionando como un campo cuya dinámica generaría la materia, la energía y el tiempo, con una estructura de información holográfica que engendraría las propiedades del espacio mediante la gravedad cuántica. Dicho Campo mantendría con la materia un flujo de información retro-alimentado, que habría dado lugar a la organización biológica y en último término habría culminado en la auto-consciencia.

La circunstancia consistente en que uno de nosotros reflexione sobre la información de la dimensión profunda que organiza nuestro mundo puede compararse a un hipotético objeto que estuviera siendo impreso en 3D, y que intentase averiguar de dónde sale el conocimiento y la información, quizá inalámbrica, que decide los movimientos de la impresora que lo está produciendo de una manera tan perfecta. De modo análogo, nosotros somos seres biológicos auto-conscientes que, habitando en un mundo material, reflexionamos sobre el origen de la organización inteligente de nuestro mundo.

Para el prestigioso físico teórico J. A. Wheeler, el espacio-tiempo en regiones muy pequeñas contendría micro-agujeros de gusano[5] y partículas virtuales que podrían alterar el magnetismo y la energía del electrón, por ejemplo, en las omnipresentes fluctuaciones cuánticas. Según él, en la escala de Planck no son aplicables nuestros conceptos habituales de espacio y tiempo, debido a la gran magnitud de las dinámicas energéticas. Habría un campo fluctuante con vórtices y agujeros de gusano donde dominarían las interacciones no locales y no lineales.

---

[5] Los *agujeros de gusano*, descritos en las ecuaciones de la relatividad general de Einstein, son una característica topológica consistente en un atajo a través del espacio-tiempo.

Ahondando en la misma idea, los físicos Juan Maldacena y Leonard Susskind han desarrollado la idea de la equivalencia entre los agujeros de gusano y un comportamiento no local de las partículas como el entrelazamiento. Mark Van Raamsdonk, profesor en la University of British Columbia, ha propuesto que el propio espacio-tiempo se construye sobre el entrelazamiento cuántico basado en la arquitectura soportada por los agujeros de gusano cuánticos en la escala de Planck.

Así, sería la existencia de una red múltiple de agujeros de gusano cuánticos lo que daría lugar a la estructura fundamental del espacio-tiempo, permitiendo la emisión de señales prácticamente instantáneas que serían esenciales en la configuración informativa del Universo.

Dicho de otra forma, el espacio-tiempo sería una propiedad emergente de la estructura de información de la red de agujeros de gusano del vacío cuántico. Ello explicaría las interacciones casi instantáneas, señales clásicas que parecen transmitirse instantáneamente, aunque están viajando, como máximo, a la velocidad de la luz. Dichas señales viajarían a través de la red de agujeros de gusano, la cual permitiría el procesamiento e integración no local de la información.

Existe una realidad trascendente no física inter-penetrada o unida con el dominio del espacio tiempo y también con ese dominio ilimitado que está más allá del espacio tiempo.

4 TODO ES VIBRACIÓN

Todo es vibración, que se agrupa en patrones y grupos de éstos, produciendo las diferentes totalidades o cosas del mundo.

El mundo es música.

Ya hemos visto que según la teoría de cuerdas todas las partículas elementales son en realidad cuerdas vibrantes. Esto es suficiente para afirmar con propiedad lo que dice el título de este capítulo. Sin embargo, aun sin considerar la teoría de cuerdas, existen más pruebas a favor de ello.

Todo es vibración. El mundo que nos rodea y nuestra vida se fundamentan en todo tipo de ondas. Para darnos cuenta de manera sencilla podemos poner el cotidiano ejemplo de la percepción auditiva: por medio de los cilios, el caracol del oído interno y el órgano de Corti, el oído humano es capaz de percibir frecuencias que abarcan unas 10 octavas. Pero esto es una pequeña parte de lo que el organismo recibe. Por un lado están las frecuencias infrarrojas, las visuales y las ultravioletas, y por otro existen vibraciones de frecuencia inferior a las que se perciben con el sentido del oído. Estas llegarían al organismo a través de resonancias en el nivel cuántico, y se ha propuesto la idea de que el organismo las percibe mediante un conjunto de redes sub-neuronales, produciendo quizás con ellas formas y elementos de la conciencia.

La realidad fundamental es energía en forma de onda, no materia. Las leyes naturales no son reglas de interacción mecánica sino algoritmos o instrucciones que codifican patrones de energía. Hasta las partículas (que serían en realidad cuerdas) son ondas también, como demostró De Broglie. Los electrones, la luz, los rayos X, etc., son ondas que se pueden mostrar como partículas cuando las observamos. Las partículas son paquetes de ondas relativamente estables, ondas estacionarias que interaccionan e interfieren. El mundo está poblado y formado por grupos de ondas estacionarias y por ondas de propagación.

Como vimos en el anterior capítulo, se ha teorizado que el vacío cuántico es una dimensión profunda del Cosmos. El vacío carece de forma pero tiene el potencial, la información y la energía para manifestar el mundo material. Cuanto más cerca de la dimensión profunda vibran los grupos de ondas, más y mejor "in-formados" están por la inteligencia intrínseca del Cosmos.

Según una teoría globalizadora propuesta por Ervin Laszlo, el Cosmos posee un Estado Fundamental que puede entenderse como un mar coherente de vibración eterna e inmutable, de potencial puro que puede denominarse "vibración centrada en el Punto Cero". Por otro lado, existiría un estado excitado del Cosmos, como realización de ese potencial. En esa excitación del estado fundamental hay un campo universal de vibración que produce ondas de diversa amplitud, fase y frecuencia cuya interacción crea patrones de interferencia de ondas estacionarias, y grupos de esos patrones de ondas de frecuencia coordinada. Dichos grupos de vibración se in-formarían con la vibración del estado fundamental produciendo como resultado las entidades del Universo manifiesto.

Es decir, del vacío cuántico o campo punto cero surgiría la información necesaria para manifestar el mundo físico. Según la descripción de Laszlo todas las entidades manifestadas en el Cosmos son grupos de ondas estacionarias en fase, coordinadas y de largo alcance. Son grupos de patrones de interferencia de ondas comparativamente estables en el campo de ondas del cosmos en estado excitado.

Según Laszlo, el Universo está poblado por dos tipos de grupos de interferencia de ondas: unos patrones que producen totalidades o gestalts tipo materia y otros que producen totalidades o configuraciones tipo mente.

Los primeros son los fenómenos físicos, que van desde los cuantos a las galaxias. Son grupos de patrones auto-estabilizadores de interferencia de ondas estacionarias, compuestas por ondas en fase de alta frecuencia y alta amplitud, que son in-formados por las limitaciones y los grados de libertad que conforman las leyes naturales.

Los fenómenos o patrones tipo mente. están compuestos por ondas de baja amplitud en la banda de baja frecuencia, que resuenan con la Inteligencia que impregna el campo de ondas del Cosmos en estado excitado.

Estos grupos tipo objeto y tipo mente interactúan y pueden formar juntos patrones de interferencia de ondas de orden superior, que Laszlo llama "hipergrupos psicofísicos complejos".

Por ejemplo, la célula viva es una organización de moléculas, y al mismo tiempo tiene una mente propia, de manera que tanto su estructura física como su conciencia están in-formados por la vibración del Estado Fundamental del Cosmos. En un organismo vivo, la conciencia (que pertenece a una dimensión de información no local) se funde con átomos físicos permitiendo su organización bioquímica en una unidad psicosomática dentro del espacio-tiempo.

Dentro de los fenómenos tipo mente, las vibraciones de mayor frecuencia corresponden a estados altamente excitados de conciencia intensa pero estrechamente focalizada. Los grupos de ondas que vibran en estas frecuencia son de corto alcance y vida relativamente corta. En cambio, los grupos de más baja frecuencia tienen un mayor alcance y mayor duración.

Poniendo un ejemplo cercano, cuando una mente focaliza su atención para resolver un problema está utilizando su parte física asociada (cerebro) como instrumento o computador, aumentando la frecuencia (ondas beta). Después de dejar de poner atención, lo que permanece en la mente (durante un estado de relajación, meditación, oración, amor, o durante el sueño) es una cualidad mental más duradera (ondas alfa, gamma, delta), que dispone de una mayor in-formación procedente de ese Estado Fundamental del Cosmos o Vacío Cuántico.

En estado de meditación o de creatividad las ondas cerebrales, que pueden medirse con el electroencefalograma, muestran un nivel elevado de coherencia, ondas armónicas con un alto grado de sincronización. También se ha estudiado la interacción de las ondas EEG entre personas cercanas entre sí, consiguiendo registrar y cuantificar la existencia de una sincronización o coherencia que se ha denominado "resonancia neuropsíquica".

Las entidades mentales son conciencias individuales en diversos niveles de evolución, pero no están totalmente separadas o aisladas. Según el investigador Federico Montecucco, existiría un principio de conservación de la información y de la conciencia no sometido a las restricciones del espacio-tiempo, al igual que existe el principio de conservación de la energía y la masa en el ámbito físico.

Todo esto nos conduce al siguiente capítulo.

5 ¿ES LA MENTE UN ASPECTO FUNDAMENTAL EN EL UNIVERSO?

La mente representa un aspecto de la realidad tan primordial como el mundo físico, y no puede derivarse de la materia.

Existe un mundo mental paralelo inter-penetrado con el físico, habitado por mucho más que nosotros mismos, donde reside toda la información y la sabiduría de la naturaleza.

Según una conocida metáfora, el aspecto mental de la realidad es como el agua de un océano en el que vivimos y donde sólo nos fijamos en los otros peces (o lo que es lo mismo, en los objetos físicos).

La ciencia actual se enfoca en el mundo físico objetivo y mensurable, y excluye la conciencia. Existe una nueva disciplina incipiente, que es el estudio de la naturaleza psicofísica de la realidad, de ese misterioso espacio intersticial que es la rendija entre la mente y la materia.

En palabras de Nikola Tesla: "El día en el que la ciencia comience a estudiar los fenómenos no físicos, hará más progreso en una década que en todos los siglos anteriores de su existencia".

El concepto de Universo que manejamos habitualmente se refiere al contenedor de toda la materia conocida. El concepto de Cosmos añade la conciencia a ese universo físico en el espacio tiempo. "La mente representa un aspecto de la realidad tan primordial como el mundo físico, y no puede derivarse de la materia"; esta es una afirmación incluida en el Manifiesto por una Ciencia Posmaterialista de 2015.

La ciencia está actualmente reconociendo esta verdad, pero los grandes científicos habían sentido siempre que la conciencia tiene influencia en el mundo físico. Wolfgang Pauli, uno de los principales fundadores de la mecánica cuántica, declaró: "En mi opinión, en la ciencia del futuro la realidad no será ni psíquica ni física, sino de alguna manera ambas cosas y de alguna manera ninguna de las dos"[6] .

Así mismo, el premio nobel de física Max Planck, padre de la mecánica cuántica, declaraba en una entrevista de 1931 la importancia que tenía para él la consideración de la Conciencia. Ante la pregunta de entrevistador: ¿Cree que la conciencia puede ser explicada en términos de la materia y sus leyes? él respondió: "No. La Conciencia es fundamental. Considero que la materia deriva de la Conciencia. No podemos abandonar la Conciencia. Todo aquello de lo que hablamos, todo aquello que consideramos que existe postula la Conciencia"[7] . Y también: "Toda la materia se origina y existe sólo en virtud de una fuerza (...) Debemos suponer detrás de esta fuerza la existencia de una mente consciente e inteligente. Esta mente es la matriz de toda materia"[8] .

Einstein hablaba de la mente cósmica. Según él, la conciencia y el cosmos son un todo indivisible, y su separación aparente no es más que una perspectiva desde la cual la conciencia contempla su propia proyección.

---

[6] Citado en Laszlo.

[7] Entrevista de J.W.N. Sullivan, en Londres 1931.

[8] Discurso de Max Planck, Al recoger el premio nobel de física en 1918.

La idea de una matriz de conciencia en el cosmos influyó en general en los físicos cuánticos de principios del siglo XX, y también en Carl Gustav Jung, el famoso psiquiatra que desarrolló los conceptos psicológicos de Arquetipo y de Inconsciente Colectivo influido por los "pensamientos elementales de la humanidad" descritos por el erudito Adolf Bastian, el cual ya intentó estudiar en el siglo XIX una matriz informacional no local de conciencia.

En la ciencia actual, una "anomalía" experimental que trae al primer plano esta cuestión es el ya descrito efecto del observador en los experimentos de mecánica cuántica, como el de la doble rendija[9] . Dicho efecto ha conducido a la siguiente conclusión: el estado probabilístico en el que se encuentra una partícula se colapsa en una entidad concreta cuando es medida u observada. Según esto, es la conciencia del observador la que crearía la realidad, dándole forma a partir de una nube de probabilidades previas.

---

[9] En el experimento de la doble rendija se consigue demostrar que un fotón termina comportándose como una partícula o como una onda, según la intención del observador. En este tipo de experimento, se lanzan fotones individuales hacia una pantalla, pasando a través de una pared que contiene dos ranuras controladas cuidadosamente. Los resultados demuestran que cada fotón viaja, como partícula, a través de una sola ranura. Sin embargo, si no se comprueba la ranura por la que pasa el fotón, éste se comporta como una onda, viajando a través de ambas ranuras como si interfiriera consigo mismo.

Así, en la propia mecánica y dinámica de los procesos físicos, que se originan en la estructura básica del holocampo o vacío cuántico, estarían integradas de manera intrínseca y omnipresente, la vida y también la conciencia. Dicha conciencia intrínseca no es un mero efecto o resultado emergente, y pertenece funcionalmente al nivel más básico del sistema biológico, llegando a la red atómica y subatómica en la escala de Planck. Una estructura biológica podría considerarse o entenderse como extensión de un campo de conciencia fundamental, asociado a un mecanismo retro-alimentador auto-organizativo. La conciencia y la vida están inextricablemente unidas en el nivel cuántico.

Aplicando la física cuántica a la biología de un organismo puede entenderse este como un entramado complejo de campos de energía, en el que la conciencia tiene una influencia crucial. Del mismo modo que la observación es capaz de colapsar la función de onda en el experimento de la doble rendija, durante la observación de células vivas mediante un láser de alta velocidad se han logrado detectar procesos cuánticos que se producen como consecuencia de dicha observación.

Y el nivel cuántico es el nexo entre el mundo material y la matriz organizadora subyacente. En la base de la realidad (dimensión profunda de Laszlo) existiría un campo fundamental de información que sería origen y retorno de todas las cosas. Tanto la fuente de creación de la materia como el mecanismo productor de la organización biológica procederían del flujo dinámico informativo de retro- y pro-alimentación de dicho campo. Las dinámicas y los mecanismos de la consciencia y la memoria de ese campo de información fundamental serían una "parte integral" de la evolución y el ordenamiento del Universo.

Puede identificarse el vínculo entre la consciencia exhibida por los sistemas biológicos y la consciencia inherente a la red unificada del espacio-tiempo, al entender que el mecanismo no local de consciencia e intercomunicación de información a través de la red de micro-agujeros de gusano podría generar pensamientos y dirigir respuestas, a niveles tanto molecular como organísmico.

Así, la consciencia que expresa un sistema biológico no sería un mero conjunto de respuestas automáticas, resultado de una computación, sino producto o reflejo de una consciencia mayor más intrínseca y profunda construida entre capas múltiples de espacio-tiempo, o sea, en parte no localizada espacio-temporalmente, permitiendo la comunicación no local debido a la suprema capacidad de conexión de la red de información de micro-agujeros de gusano del campo holográfico fundamental en la escala de Planck.

La Mente Universal podría crear múltiples realidades virtuales. Además, cada mente individual podría ser un tipo de manifestación fractal del Uno o Logos. La Conciencia Absoluta se proyecta en los seres individuales que se experimentan como separados entre sí, y cuya interacción genera una gran riqueza de experiencias. Las diferentes vidas de las personas son como experiencias distintas de una Conciencia Única que adopta formas separadas con diferentes visiones del mundo sujetas a diferentes condicionamientos.

Existe una parte del individuo que sería inmortal y constituiría la huella individual en el holocampo más allá de espacio-tiempo. Cada individuo, con su experiencia, contribuye al conocimiento almacenado universal que queda grabado en ese holocampo o Matriz Profunda.

En esa Conciencia Cósmica todo se unifica. Cualquier individuo podría acceder a esa conciencia que es y está en el campo-Tao, la realidad profunda. Las grandes ideas científicas de la historia han llegado en estados especialmente intuitivos, muchas veces relacionados con sentimientos de pertenencia a una totalidad.

Los estados alterados o no ordinarios de conciencia son experiencias en las que se expanden las funciones del hemisferio derecho del cerebro, sintiéndose el individuo liberado de las limitaciones del espacio-tiempo y de su propio ego individual, identificándose como parte de la Totalidad. La meditación, el uso de algunas "plantas sagradas", el ayuno, la oración, etc., son tecnologías culturales dirigidas a potenciar la facilidad para entrar en esa dimensión oculta o Matriz de la Conciencia. El objetivo de las ceremonias o los rituales indígenas es obtener experiencias directas con la dimensión profunda o akáshica, saliendo de la ilusión de separación del ego.

Según todas las tradiciones de sabiduría existe una suprema cualidad que nos puede guiar hacia el Uno y la Conciencia Mayor: se trata del amor. El diseño del universo es inteligente y su creación es una expresión del amor.

6 ¿ES LA EVOLUCIÓN UN PROCESO DE AUTOORGANIZACIÓN?

La evolución es un proceso iterativo consciente de retroalimentación informativa entre la realidad física y la dimensión profunda

Histórica y tradicionalmente, al contemplar la auto-organización inteligente del entorno natural siempre ha existido una tendencia cultural de acudir a las creencias religiosas. Como resultado de ello, en algún momento se empezó a producir una violenta reacción contrapuesta: muchos académicos del último paradigma científico vigente propusieron que todos los procesos naturales (físicos, químicos y biológicos) tenían que surgir o ocurrir obedeciendo exclusivamente al mero azar.

Hasta ahora, según los supuestos fundamentales de la física, se había considerado que una gran explosión milagrosa del pasado fue capaz de producir, mediante meras interacciones materiales aleatorias, las constantes y fuerzas de las leyes físicas que han permitido exactamente las condiciones apropiadas para la existencia y evolución de seres biológicos.

Pero, en realidad, la vida no puede ser simplemente producto de una gran cadena de coincidencias afortunadas, como creían todavía muchos científicos a principios de este siglo. Ya Einstein, Planck y otros grandes pensadores al final de sus carreras concluyeron que el universo y la vida que contiene no puede ser producto de una mera coincidencia.

Hoy día se puede afirmar con seguridad que la probabilidad de que el organismo biológico más sencillo se haya desarrollado por casualidad es prácticamente nula. Solo el sistema de traducción y transcripción del ADN (ADN-ARNm-ARNt-ARNr) que utilizan los seres vivos es suficientemente complejo como para descartar una causa aleatoria.

Aun si únicamente considerásemos la producción de una sola estructura unicelular, en un período geológico correspondiente al de la formación de la Tierra, la probabilidad de que dicha estructura biológica surgiera mediante un proceso aleatorio es extremadamente escasa.

No es el azar lo que rige al Universo. Existen mecanismos de auto-organización que pueden ayudar a explicar algunos comportamientos coherentes de nuestra biosfera, así como algunos componentes estructurales del Universo y sus relaciones a escala.

La teoría de las estructuras disipativas del premio Nobel Ilya Prigogine explica cómo se producen numerosos procesos naturales. Cualquier proceso meramente físico tiende a un estado de mayor entropía; sin embargo, los organismos biológicos son estructuras que procesan y conservan la energía tendiendo a mantener y aumentar su complejidad.

Las tendencias evolutivas en los organismos vivos, y en los procesos y leyes del universo físico, son holotrópicas, responden a un todo que se actualiza y organiza a sí mismo, tendiendo a una interconectividad consciente y una mayor coherencia. La tendencia o atractor universal de los sistemas complejos, ya sean biológicos, físicos o químicos, es la coherencia.

La extraordinaria coherencia que presentan los parámetros básicos del universo descarta el azar como causa de su organización. Robert Nadeau y Menas Kafatos han presentado evidencias que demuestran la coherencia y el alto grado de ajuste de los parámetros físicos del universo. Han conseguido relacionar entre ellas varias constantes universales cómo la carga eléctrica, la constante de Planck, la velocidad de la luz y la constante gravitatoria. Estos autores han especulado incluso con ciertas relaciones matemáticas entre el número de nucleones y las masas de las partículas elementales frente a algunos parámetros fundamentales pertenecientes al cerebro.

El físico teórico Lee Smolin también está interesado en encontrar relaciones matemáticas interesantes: lo que se considera el residuo de la energía del Big Bang se detecta como una radiación cósmica de fondo de microondas. La forma de dicha radiación consiste en un máximo mayor seguido de una serie de picos menores armónicos que finaliza en una longitud de onda más larga, denominada R por Smolin. Si se divide el valor de esa longitud entre la velocidad de la luz, se obtiene una cantidad de tiempo que coincide con la edad del universo que ha sido calculada por otros medios. Además, dividiendo el cuadrado de la velocidad de la luz entre ese mismo valor R, se obtiene la aceleración de la expansión de las galaxias.

Todas esas relaciones demuestran que el universo tiene una inteligencia matemática inherente a él, y actuando por medio de las leyes naturales hace que las cosas del mundo tengan coherencia y forma, no siendo un amasijo de materia inconexa sin sentido.

Como ya hemos visto anteriormente, considerando la descripción teórica de Laszlo, en el estado excitado del Cosmos (en contraste con el estado fundamental) aparecen vibraciones consistentes en ondas estacionarias oscilantes dentro de diversas escalas de complejidad y tamaño. Nuestro Universo sería un dominio de coherencia en el campo de ondas de dicho estado excitado. La información fundamental se configura en grupos de vibración coordinada cuya interacción crea el mundo manifiesto. Lo que organiza el Universo no es el azar: la coordinación de los grupos de vibración indica que estos están in-formados por lo que podemos llamar un factor de inteligencia o conciencia cósmica subyacente.

A nivel fundamental, los organismos vivos son paquetes de energía cuántica que constantemente intercambian información con ese campo de conciencia, mediante una auto-organización de la energía e información cuánticas.

Los agujeros de gusano en la escala de Planck constituyen una red cuantizada universal de información, a través de la cual se produce la intercomunicación en el funcionamiento normal de cada biomolécula orgánica y cada célula de un organismo biológico.

Como ya dijimos en el primer capítulo, "la información impregna toda realidad física y es lo que sostiene la unión entre la energía-materia y el espacio-tiempo. (...) Este campo fundamental de información, compartido a través de cualquier escala, genera materia organizada y sistemas auto-organizados. Dicho proceso da lugar a mecanismos evolutivos donde el entorno y el individuo se influyen mutuamente".

Y en el quinto capítulo: "el nivel cuántico es el nexo entre el mundo material y la matriz organizadora subyacente. Las dinámicas y los mecanismos de la consciencia y la memoria de un campo de información fundamental son parte integral de la evolución y el ordenamiento del Universo".

Las propiedades estructurales que emergen del campo fundamental de conciencia aportan información al mundo físico de manera continua, interaccionando y permitiendo la evolución, primordialmente de los sistemas biológicos.

Existen tanto procesos de pro-alimentación, procedentes de la red informativa universal no local, como procesos de retro-alimentación que devuelven información de los sistemas biológicos hacia dicha red. Esos procesos recursivos de pro- y retro-alimentación de la información sobre la memoria del vacío cuántico u holocampo producen aprendizaje y dan lugar al comportamiento evolutivo. Dicha evolución ocurriría en todos los sistemas físicos del Universo, desde la escala de Planck hasta la escala cosmológica. El proceso de cosmogénesis podría considerarse biológico, al obedecer a un desarrollo evolutivo iterativo.

Es decir, la realidad física se organiza y evoluciona mediante su conexión con la información de esa dimensión consciente o campo de conciencia, y viceversa. El carácter entrópico o de desorden de la realidad física realimenta la información hacia la dimensión consciente para perfeccionarla. El universo material y sus organismos vivos realimentan con información a ese campo de conciencia o matriz cósmica[10] que subyace a todo. En cualquier escala del Universo existirían procesos de vida al existir funciones de consciencia como el aprendizaje y la memoria.

El grado y la rapidez con que los procesos naturales se organizan señala solamente a que el Universo, de algún modo, se perfecciona. Toda energía y materia, animada o inanimada participa en la matriz interconectada mediante mecanismos de coherencia y entrelazamiento cuánticos. Así, todas las cosas en el Universo disfrutarían de alguna clase de conciencia, y la información que aporta su "experiencia" durante su existencia física jamás se pierde, sino que vuelve a esa Dimensión Profunda, donde su procesamiento provoca el subsiguiente perfeccionamiento de la siguiente generación.

[10] Todas estas expresiones (campo de conciencia, dimensión consciente, matriz cósmica, etc.) son sinónimos para designar este novedoso concepto en la divulgación científica.

Este tema lo ha desarrollado el biólogo británico Rupert Sheldrake con su teoría de los Campos Morfogenéticos. La teoría de Sheldrake es compatible con la idea de que el procesamiento de la información del sistema cuerpo-cerebro puede verse influida por la red de micro-agujeros de gusano en la estructura del espacio-tiempo, al poder compararse con experiencias registradas anteriormente, y con potenciales evolutivos futuros, generándose una coordinación entre el campo global y el sujeto, siendo, hasta el nivel molecular, no locales las acciones del sistema, debido a que ese nivel de consciencia se encuentra más allá de cualquier marco particular de espacio-tiempo y del cerebro.

Dependiendo de su estructura específica, cada subsistema corporal es receptivo a un particular dominio informativo del Holo-campo, y procesa la información de una determinada manera. Estamos hablando de una conciencia corporal y sus procesos que intercambian información con la red de micro-agujeros de gusano del vacío cuántico.

Al subyacer ciertas impresiones de memoria bajo la estructura material/celular de los organismos vivos, el propio tiempo actuaría como una función de información sobre la estructura espacial de los micro-agujeros de gusano en la escala de Planck, produciendo la evolución.

Resumiendo, en la formación de la materia y su organización general actuarían procesos iterativos de pro-alimentación y retro-alimentación de información, a través de una red de micro-agujeros de gusano en la escala de Planck que constituye una matriz unificada de espacio-tiempo que actúa en cualquier escala, en los procesos formativos del Universo, en la evolución de la materia, el aumento de la complejidad y en la emergencia de organismos biológicos autoconscientes.

Como veremos en el capítulo 8, actualmente se está descubriendo que muchos componentes en los sistemas biológicos son funcionalmente antenas, a modo de transmisores, receptores y transceptores, que les sirven para comunicar sus diferentes partes. Pero además de su funcionamiento local, los sistemas biológicos transmitirían señales, no localmente, a través de la red de agujeros de gusano de la escala de Planck. Dicho intercambio de información a través de la estructura del vacío ocurre no solamente a un nivel molecular y celular, sino también a niveles de los tejidos y del organismo biológico en general, incluyendo los procesos relacionados con la conciencia biológica.

Por supuesto, la capacidad de conceptualizar de la conciencia se ve facilitada por las características funcionales y estructurales del cuerpo físico (como la organización celular y la matriz del tejido conjuntivo), y el cerebro con sus patrones neuronales.

Podemos concluir que, tanto según el budismo tibetano como en la física de partículas, el mundo se encuentra continuamente recreándose de uno a otro instante. Pero, en último término, ¿qué sentido tendría la evolución? Si queremos darle un sentido trascendente a la respuesta podríamos decir que el amor, como deseo de coherencia y fusión entre diferentes entes que buscan la unión, es el supremo principio organizador del cosmos. En ese sentido podría concluirse que el sentido de la evolución de toda existencia es la manifestación del amor hacia todas las cosas.

7 EL MUNDO ES DIGITAL, FRACTAL Y HOLOGRÁFICO

La naturaleza utiliza un tamaño de pixel mínimo, se desarrolla mediante formas fractales y utiliza cálculos hologramáticos.

Según propugna la Teoría de las Supercuerdas, nuestro mundo está diseñado de manera que nada puede ser más pequeño que la longitud de Planck. Esta característica evita que se produzcan las indeseables fluctuaciones cuánticas descritas en el modelo estándar de la física, siendo la longitud de onda de Planck una especie de pixel universal fundamental. Por tanto, se puede decir que la naturaleza es digital.

Además, las funciones de onda de las partículas elementales, siendo ilimitadas respecto a su potencialidad cuántica, consiguen realizarse de forma finita mediante el mecanismo introducido por la cuantización, es decir, la utilización de unidades discretas.

Además de ser digital, la naturaleza utiliza ampliamente mecanismos fractales para sus variadas manifestaciones. Ya en los años 80, el matemático Benoit Mandelbrot demostró que las formas que fabrica la naturaleza obedecen a patrones fractales. Dada la estructura de crecimiento de cualquier vegetal, resulta fácil pensar en la existencia de fórmulas matemáticas generadoras de fractales codificadas en sus genes, que se manifiestan al nacer las semillas.

La diversidad y la complejidad del mundo físico son guiadas por los patrones informacionales dinámicos de los atractores fractales, sostenidos en último término por esa dimensión profunda que matemáticamente es la física cuántica del plano complejo.

En la Tabula Smaragdina de Hermes Trismegisto, misterioso documento procedente de la época del antiguo Egipto, está escrito: "Lo que está abajo es como lo que está arriba, y lo que está arriba es como lo que está abajo, para hacer los milagros de una sola cosa". Aplicando esas palabras a la fractalidad en la naturaleza, no se podría expresar de una forma más breve y elegante.

Pero, al igual que ocurre con los fractales, el mecanismo de la holografía[11] parece ser otra de las estrategias que utiliza la naturaleza en su funcionamiento. A continuación comprobaremos que la explicación de esto la ha proporcionado el estudio de los agujeros negros.

Las teorías de la gravedad cuántica, que tratan de integrar la mecánica cuántica con la relatividad, respaldan la hipótesis que propone que la información en el universo se encuentra codificada de algún modo en una frontera o límite bidimensional del espacio-tiempo. En esta naturaleza holográfica del espacio-tiempo, la gravedad emergería como un fenómeno entrópico respecto a la información. Pero, ¿cómo ocurre esto? Lo explicaremos con algo de detalle.

---

[11] Una imagen holográfica se produce por medio de dos conjuntos de ondas que interfieren. Uno de los conjuntos se dirige hacia un objeto y cuando esas ondas son reflejadas desde él llevan codificadas los rasgos del objeto mediante cambios de fase y de intensidad. Se hace interferir ese conjunto de ondas reflejadas con el conjunto original de ondas, creándose así un patrón de interferencia que registra los cambios de fase entre los dos conjuntos. A partir de dicho patrón se puede producir una imagen tridimensional estática del objeto, utilizando como herramienta matemática la transformada de Fourier.

Durante el desarrollo de la electrodinámica cuántica y como resultado de las ecuaciones de Dirac, las fluctuaciones del vacío se interpretaron como un "mar de partículas virtuales". Del vacío surgen pares virtuales partícula-antipartícula que rápidamente se aniquilan, salvo en presencia de un campo gravitatorio muy grande, como el que está cerca del horizonte de sucesos de un agujero negro. En este caso concreto puede ocurrir que una partícula virtual caiga en el agujero negro, y que su partícula complementaria no lo haga, convirtiéndose esta en una partícula real (no-virtual), lo cual tiene como consecuencia la emisión de la denominada radiación de Hawking.

Pero en un caso como este surge la cuestión de qué ocurre con la información cuántica que cae en el agujero negro, ya que en caso de desaparecer dicha información se violaría el principio cuántico de que ninguna información puede ser destruida. La solución a dicha paradoja de la pérdida de información la ha encontrado el físico Gerard't Hooft, utilizando la frontera o límite de Bekenstein[12] demostrando que toda la información contenida en el volumen de un agujero negro puede expresarse dividiendo la superficie bidimensional de su horizonte de sucesos en áreas iguales (unidades de escala de Planck, "UEP"), conservándose la información en términos de bits de información de Planck como si fuera una huella holográfica.

Dicho de otra forma, la entropía de un agujero negro, en términos de información, es proporcional a su superficie bidimensional. Y esa información 2D se puede considerar como si estuviera constituida por bits pixelados en la escala de Planck, cuyo tamaño se puede considerar la unidad fundamental de la realidad física.

---

[12] La frontera de Bekenstein es la cantidad máxima de información necesaria que consigue describir completamente a un sistema físico hasta el nivel cuántico. También puede describirse como un límite superior a la entropía que puede estar contenida en una región finita del espacio con una cantidad finita de energía.

Observando también los bits de información del volumen del agujero negro construido con UEP, y relacionándolo con la cuasi-superficie (cuasi-, porque en realidad existiría un cierto grosor en el área considerada) bidimensional descrita anteriormente[13] , se puede obtener como resultado el valor de la masa del agujero negro, igual que con las ecuaciones de campo de Einstein, pero ahora describiendo el espacio-tiempo como cuantos discretos de información de Planck. En esta solución, la gravedad resulta ser una magnitud de tipo discreto, al obtenerse el resultado en bits cuantizados de información.

Al resolver la paradoja de la pérdida de información, describiendo la temperatura, o la entropía, de un agujero negro, se concluye que la información en términos de bits de Planck, dentro de los límites de un sistema, debe relacionarse con su horizonte de superficie, y con esa relación obtenerse el valor de la masa.

Otro resultado que viene a confirmar este enfoque es el del investigador japonés Jun Nishimura y sus colegas, que han calculado, por medio del método numérico de Montecarlo, la radiación de Hawking que emite un agujero negro cuántico describiéndolo de forma holográfica, concordando el resultando con la predicción teórica de Stephen Hawking.

La energía interna de un agujero negro coincide con la energía interna del cosmos correspondiente de dimensión inferior sin gravedad. Indica que tanto los agujeros negros como el propio cosmos serían holográficos.

---

[13] Las UEP serían en realidad *Unidades Esféricas en la escala de Planck.*

Mediante la gravedad cuántica, la estructura de información holográfica engendraría las propiedades del espacio. Todo estaría relacionado mediante un campo fundamental de información. Esta utilización del principio o enfoque holográfico vuelve a conducir a la idea de que el Universo está entrelazado, relacionando todas sus partes y haciendo que actúe como una unidad. Esto es la base de la teoría holográfica, que propone que la realidad en tres dimensiones se construye a partir de la proyección del modelo informacional bidimensional de los objetos.

La primera conclusión es que el espacio es granular a escala muy fina, pudiendo considerarse como bits de información sobre la estructura del vacío, lo cual indica su carácter digital.

Por otro lado, la arquitectura fractal y holográfica constituiría la estructura de información básica general y los patrones universales, siendo el mecanismo primario para la intercomunicación no local y la ordenación de la información. En esa arquitectura de la información es un componente estructural clave la red múltiple de agujeros de gusano en la escala de Planck que permite la comunicación casi de manera instantánea. La no-localidad sería una característica intrínseca, crucial para la evolución del universo como entidad coherente integral.

Otra característica de los campos de información holográficos es que pueden almacenar grandes cantidades de información, de manera que un rayo de luz coherente actuando como señal activadora permite -mediante una modulación de su longitud de onda- la independencia o separación de múltiples campos informativos, lo que conduce a disponer de mayor capacidad de almacenamiento.

Como hemos visto antes, el supuesto básico de la teoría de Laszlo es la existencia de una realidad profunda u "holocampo akáshico" que correspondería a un régimen dimensional superior (porque organizaría nuestra realidad física) en la manifestación de nuestro dominio de coherencia cósmica. Toda la información procedente de los acontecimientos en el espacio-tiempo permanecería registrada de manera holográfica en ese régimen de vibración superior desde el punto de vista dimensional.

La Matriz Cósmica (que también podemos llamar "Logos" o "Estado Fundamental del cosmos") es un campo de conciencia cósmica no local que informa e impregna el universo en el espacio-tiempo codificándolo como proyección holográfica. Cada organismo de ese universo tiene una parte de la conciencia en el espacio tiempo y es animado por dicha Matriz.

El principio holográfico también puede observarse en otros ámbitos más familiares para nosotros que los agujeros negros. El biólogo P. Pietsch ha aportado sólidas pruebas experimentales que confirman el funcionamiento holográfico del cerebro. Así mismo, Karl Pribam, a partir de las investigaciones de Wilder Penfield sobre el cerebro, ha ofrecido una explicación de cómo están almacenados los recuerdos en éste, resultando que obedece a una distribución holográfica. El funcionamiento de la visión también se explica mediante un modelo holográfico.

Según el físico David Bohm, el universo es un holograma fluido gigante. Al igual que Laszlo y otros, Bohm asevera que por "debajo" de la realidad física que observamos existe un nivel de realidad más profundo y primario que origina lo que llama Bohm el "holo-movimiento", la apariencia del mundo físico como un holograma. Bohm piensa que en ese orden profundo se encuentra la relación entre la materia y la consciencia, y que ésta última está presente en la manifestación física.

Considerando juntas las teorías de Pribam y Bohm, se puede afirmar que el universo es un gran holograma, dentro del cual están envueltos nuestros cerebros que son otros hologramas que construyen matemáticamente la realidad que percibimos, interpretando frecuencias proyectadas desde otra dimensión más profunda que está más allá del espacio y del tiempo que conocemos.

El modelo holográfico parece adecuado para conceptualizar el hecho de que puede haber múltiples realidades de experiencia, que personas diferentes experimentan la realidad de distintas maneras. Según la individualidad, la conciencia humana podría activar selectivamente la información holográfica, con sus numerosas inflexiones.

Y una vez más, podemos comprobar que en las tradiciones sapienciales antiguas, conservadas a través del tiempo gracias a su carácter calificado como sagrado, se encuentran sintetizados estos conceptos científicos sobre el funcionamiento holográfico del mundo. Por ejemplo, según el Jainismo, todos los seres del universo son unidades de conciencia separadas y autoengañadas (jivas) que erróneamente se perciben a sí mismas como unidades autónomas, y donde cada una tiene información sobre todas las demás[14].

---

[14] Otro ejemplo similar nos lo da el budismo Avatamsaka: "Uno en Uno, Uno en Muchos, Muchos en Muchos, Muchos en Uno". Y el concepto del Hombre Cósmico Primordial o arquetípico, que tiene como consecuencia su identificación con el universo entero (principio holográfico) porque tendría el potencial de identificarse experiencialmente con cualquiera de sus partes.

8 LA VIDA ES LUZ

Todos los seres vivos emiten una particular luz coherente de un tipo parecido a la luz láser.

Los seres vivos y sus componentes siguen tratándose como máquinas. Pero también existe aquí una anomalía que ese modelo convencional no puede explicar.

El modelo biológico vigente, que sigue estando basado en la visión clásica de la energía y la materia, considerando el cuerpo humano compuesto por unidades sólidas separadas entre sí y aisladas de la mente, no refleja la verdadera complejidad e interconexión existentes tanto en el interior de un organismo como con su mundo exterior. Veamos esto haciendo números:

En un cuerpo humano puede haber entre 37 y 100 billones de células. A lo largo de 24 horas nacen aproximadamente 1012 células que reemplazan a otras tantas. Por otro lado, en cada segundo cada célula produce unas 10.000 reacciones electro-quimicas, y hay que darse cuenta de que a través del cableado del sistema nervioso las señales se conducen sólo a una velocidad aproximada de 20 metros por segundo. Esto último prueba por sí solo que mediante el tipo de interacciones de la física y química clásicas no podría garantizarse la coordinación adecuada del ingente número de células y de sus mutuas interacciones.

Entonces, ¿cómo se produce realmente la mayor parte de la inter-comunicación en un sistema vivo?

Se han realizado experimentos en biología en los que se ha observado que, al separar dos células cardíacas vivas, ellas solas consiguen coordinar a la perfección el ritmo de sus contracciones. En general, las células y moléculas a lo largo del cuerpo resuenan en frecuencias compatibles, aunque se encuentren distantes, interaccionando de manera precisa e incluyendo entrelazamientos de tipo cuántico.

Sí, la información biológica se transfiere a nivel cuántico. La mente también opera con información cuántica, que transcurre a través del cuerpo y el cerebro. Resonamos con el mundo que nos rodea; las interacciones cuánticas entre el exterior y las partículas subatómicas de nuestros cerebros producen la percepción humana.

Se ha demostrado que un aspecto crucial de los procesos biológicos es que todos los organismos vivos emiten una débil radiación. Todas las células del cuerpo producen luz, una radiación bioluminiscente de intensidad ultra-débil (hasta unas decenas de miles de fotones por segundo y centímetro cuadrado), y cuyo rango de frecuencias se extiende entre 200 y 800 nanómetros. Estos "biofotones" consisten en una luz con un alto grado de orden que podría llamarse luz láser biológica, siendo dicha luz capaz de generar y mantener dicho orden y transmitir información dentro de los organismos vivos.

El investigador Fritz Albert Popp y su equipo han desarrollado una interpretación biofísica de este fenómeno basada en un nuevo modo de entender la vida derivada de la óptica cuántica y la termodinámica de no-equilibrio. Describen el organismo como un sistema cuántico macroscópico donde predomina un aspecto de "campo holístico", en lugar de uno basado en partículas independientes. Asumen que todas las moléculas del cuerpo están acopladas mediante un campo de radiación coherente de manera que forman una unidad en la que los biofotones no pueden ser asignados a emisores particulares sino que deben considerarse como emitidos por el organismo en su conjunto.

El equipo de Popp ha demostrado que los biofotones existen realmente en una forma de luz que, como ya hemos visto, no es el tipo clásico de luz que conocemos en la vida cotidiana, sino una particular forma de estados coherentes que ellos han denominado "squeezed states". La conclusión de estas investigaciones sobre los biofotones sugieren que los sistemas biológicos llevan a cabo alguna clase de coherencia óptima. Estos descubrimientos conducen a una nueva forma de entender el organismo. De esta manera, como un complemento al cuerpo sólido formado con moléculas hay que considerar otro importante componente que se ha llamado "cuerpo de campo electromagnético".

En el cerebro existen intrincados dominios ramificados fractalmente, con áreas de superficie compactada y estructurada donde los procesos naturales de la célula (recepción, integración, procesamiento y transmisión de la información) constituyen el medio adecuado para conducir el fenómeno natural de la consciencia. No obstante, en la conciencia y el procesamiento de la información está implicado todo el cuerpo, no sólo el cerebro: la membrana celular, como entidad básica del sistema biológico, es el receptor primario que permite estructurar la comunicación y la integración de la información. Por otro lado, las mitocondrias son órganos subcelulares que pueden procesar información y generar señales internamente.

Además de las mencionadas mitocondrias, también en el interior celular se encuentra otro sistema de orgánulos como el cito-esqueleto o "matriz reticular", altamente intrincado y que responde a una geometría fractal. Dentro de un cito-esqueleto, los microtúbulos (su estructura más conocida) son largos tubos helicoidales formados por ciertas subunidades de proteínas llamadas tubulinas. Se ha considerado seriamente que esos microtúbulos podrían desempeñar un importante papel en el registro de información y en la memoria, a través de una interacción de alta energía con la estructura del vacío.

Tanto el cito-esqueleto como la membrana celular están presentes en todas las células del cuerpo. Además, la red de tejido conjuntivo, que recoge y transmite información desde todos los órganos y tejidos, es una gran estructura superficial continua dentro del cuerpo[15] .

Los citoplasmas de las células próximas entre sí se conectan de forma directa mediante microcanales, que pasan a través de las uniones de la red o matriz subcelular del sistema de microfilamentos y microtúbulos. Así, en último término, es dicha matriz subcelular la que organiza las funciones corporales.

---

[15] La condición de frontera superficial, según se sabe por la física holo-fractográfica, tiene una importante implicación respecto a la dinámica de la información.

Los microtúbulos se encuentran rellenos de agua atómicamente ordenada y de moléculas iónicas. Los canales de los microtúbulos están formados por subunidades de la tubulina que tienen dos conformaciones o estados distintos (como si fueran bits computacionales). Esos estados pueden ser conmutados en el interior de la tubulina mediante oscilaciones de dipolos moleculares de agua ordenada, cuyas características no son caóticas o aleatorias, sino que están dirigidas por mecanismos tanto locales (como los flujos iónicos intracelulares) como no locales (la red o matriz de micro-agujeros de gusano del espacio-tiempo en la escala de Planck) que estimulan una clase de oscilación coherente y resonante de dichos dipolos eléctricos y magnéticos. Así, esa configuración de la tubulina poseería el potencial para procesar información y almacenar memoria, interactuando con el vacío cuántico polarizado.

Según se ha demostrado, los canales de microtúbulos funcionan de manera similar a las guías de ondas ópticas que conducen la luz láser utilizada en las transmisiones de información de tipo óptico y holográfico. Por otro lado, la interacción oscilante del vacío con el dipolo electromagnético de la molécula de agua podría ser el origen de la emisión fotónica que se ha detectado en los microtúbulos, las mitocondrias y el ADN.

Como conclusión de todo lo anterior, ahora se sabe que dentro del sistema de información celular en el que actúan las mitocondrias, el agua celular, el ADN y los microtúbulos, se genera una emisión coherente de biofotones (emisión estimulada de radiación electromagnética tipo láser) que afecta a las propiedades electrónicas en las uniones químicas de las biomoléculas resonantes. La ciencia actual ha dejado claro que a través de la red de microagujeros de gusano en la escala de Planck se producen efectos cuánticos de carácter no local que, junto a la transmisión de información (a la velocidad de la luz) mediada por los biofotones, son capaces de organizar convenientemente el comportamiento de los componentes celulares, de la globalidad de las propias células y de los grupos de éstas, orquestando, en general, la diversidad de interacciones moleculares y reacciones químicas de los organismos vivos.

Esa red profunda es la fuente de información que guía el crecimiento y el funcionamiento de los organismos biológicos, proporcionando, además, la capacidad de curación y la fuerza de la salud.

9 ¿ES LA CONCIENCIA INDEPENDIENTE DEL CEREBRO?

La conciencia tiene un aspecto esencial y perdurable, y existe independientemente del cerebro.

La conciencia no es un subproducto del cerebro, ni depende de él. La numerosa evidencia experimental indica que hay un aspecto de la conciencia no limitado por el espacio-tiempo y que, aparentemente, no tiene un fundamento fisiológico. Larry Dossey lo ha denominado "conciencia no local".

El último paradigma científico ha afirmado hasta ahora con suficiencia que la conciencia es un subproducto o consecuencia de las conexiones cerebrales. Pero no todos los científicos lo han creído; siempre han existido otras alternativas frente a la teoría basada en que la conciencia es generada por el cerebro. Desde el filósofo y psicólogo William James, que mencionaba, a fines del siglo XIX que existe un dominio velado desde el cual la información llega al cerebro y este la transmite, hasta David Darling, astrofísico, que afirma en la actualidad que la función del cerebro es simplemente filtrar y restringir la conciencia al entorno inmediato.

Más de 300 científicos apoyan el Manifiesto por una ciencia post-materialista, el cual establece 18 conclusiones clave, a raíz de las numerosas investigaciones experimentales llevadas a cabo estos últimos años. En lo referente a este capítulo pueden destacarse las tres ideas siguientes:

1- Sólo algunos aspectos de la mente son resultado de procesos fisiológicos. Algunos aspectos de la conciencia no se originan en el organismo y no están sujetos a limitaciones espacio-temporales.

2- La conciencia es causal y su manifestación es la realidad física

3- Toda conciencia forma parte de una red de vida a la que influye e informa y por la que es influida e informada.

Una consecuencia de estas premisas es la idea de interconexión e interdependencia entre todas las formas de vida, surgiendo de la conciencia el propio espacio-tiempo, y no al revés.

Es el momento de repetir una frase que dijimos en el capítulo cuarto. Refiriéndonos a la existencia de vibraciones de frecuencia inferior a las que se perciben con los sentidos éstas "llegarían al organismo a través de resonancias en el nivel cuántico, y se ha propuesto la idea de que el organismo las percibe mediante un conjunto de redes sub-neuronales, produciendo quizás con ellas formas y elementos de la conciencia".

En el espacio-tiempo, los sistemas sensoriales del cuerpo nos proporcionan la información que necesitamos del exterior. Por otro lado, a nivel subcelular, existirían correlaciones cuánticas vinculadas con el dominio profundo, más allá del espacio-tiempo, entrando al sistema neuroaxonal y procesando la información de manera holográfica, proporcionando una vía independiente e intuitiva influyente en el pensamiento y la conciencia,.

Posteriormente, las características funcionales y estructurales del cuerpo (como la organización celular y la red de tejido conjuntivo), y el cerebro con sus patrones neuronales, permiten y facilitan la capacidad de conceptualizar de la conciencia.

En el procesamiento de información local, el cuerpo recibe datos sobre el entorno inmediato, y el cerebro los procesa en parte. Si esta información, en un funcionamiento automático, produjera simplemente las respuestas conductuales asociadas con la experiencia consciente que se deriva de ella, entonces podría decirse que la conciencia sería solamente un epifenómeno de la computación cerebral. Pero no es así, los modelos mentales organizacionales de la Matriz Profunda que impulsan las funciones corporales también influyen en el cerebro, imponiendo modelos mentales generales que estructuran el pensamiento.

Según la teoría holonómica del cerebro de Karl Pribram, la información holográfica recibida por el cerebro puede originarse en esa Matriz Profunda, Orden Implicado o Dimensión Profunda del Cosmos. La dimensión profunda es la fuente de la conciencia, y el cerebro recibe esa información. El cuerpo actúa de interfaz entre el cerebro y el campo profundo.

El cuerpo y el cerebro funcionarían como antenas receptoras, procesadoras y transmisoras de información. Según los últimos avances en neurociencia, se está considerando la posibilidad de que el centro de la mente esté en el corazón, funcionando el cerebro como una mente ampliada especializada en el procesamiento de la información y su distribución, de manera análoga a lo que llevan a cabo nuestras últimas tecnologías de comunicación.

La conciencia no sería un mero producto de los procesos neurológicos cerebrales sino que se originaría en ese Holocampo Akáshico que contiene la información y las leyes que gobiernan el mundo manifestado. Dicho campo conservaría un registro holográfico de la historia del Universo, incluyendo los patrones de conciencia. Además, al ser holográfico e ilimitado, toda la información contenida en él estaría presente en todos los lugares.

Lo que es indiscutible es que el paradigma materialista ha estado acumulando innumerables anomalías experimentales que no puede explicar. Una de ellas se refiere a un tipo de fenómenos ya descrito por Aldous Huxley en su conocida obra Filosofía Perenne, y por psiquiatras de la talla de C. G. Jung, Otto Rank, S. Ferenczi, y otros. Se trata de los fenómenos transpersonales, experiencias en las que la conciencia trasciende las fronteras del cuerpo/ego y las limitaciones espacio-temporales, y que actúan pudiendo proporcionar información sobre aspectos de la realidad que están más allá de los sujetos implicados.

Stanislav Grof ha explorado algunos estados no ordinarios de conciencia con potencial transformador y curativo, denominándolos "holotrópicos" (que se mueven hacia la totalidad). Grof utilizó sustancias psicodélicas para traer a la conciencia material mental inconsciente, comparando la utilización de esas sustancias en psiquiatría con el microscopio en biología y el telescopio en astronomía. Los individuos a veces reviven episodios perinatales, liberando emociones y sentimientos físicos reprimidos desde su nacimiento.

Las experiencias sensoriales que provocan las sustancias psicodélicas tienen la particularidad de hacernos cuestionar lo que es la realidad. Según Grof, con la disociación inherente a un estado no ordinario de conciencia, como el que ocurre en los estados holotrópicos, se experimenta el mundo material como aspectos vibratorios en un campo unificado de energía, sin realidad material sólida, percibiendo el mundo cotidiano como si fuera una película cinematográfica a la que respondemos emocionalmente. En un estado de conciencia holotrópico cualquier objeto puede representarse subjetivamente. Pueden ser el tipo de estados descritos en los antiguos misterios e inducidos en el contexto de las principales religiones del mundo, que también utilizaban sustancias parecidas.

Las experiencias transpersonales estarían relacionadas con la Dimensión Profunda o Campo Akáshico de Laszlo, la dimensión inmaterial más allá del espacio-tiempo que alberga los arquetipos, los principios cósmicos que forman e informan el mundo material. Estas experiencias se manifiestan en su forma universal o en forma de entidades específicas culturales.

Las conciencias individualmente localizadas del mundo material son intrínsecamente no locales, al ser manifestaciones de una dimensión superior, de información contenida en el Holocampo Akáshico. Este nuevo enfoque abre nuevos caminos en la ciencia. Como señala el físico y filósofo de la ciencia Olivier Costa de Beauregard: "La física actual tiene en cuenta los llamados fenómenos paranormales (...) Todo el concepto de no localidad de la física contemporánea exige esta posibilidad".

10 ¿PUEDE LA MENTE INFLUIR SOBRE EL MUNDO FÍSICO?

La conciencia tiene un campo de influencia en el mundo. La mente es capaz de influir en la realidad física

Referente a esta cuestión, en el Manifiesto por una Ciencia Post-materialista de 2015 hay dos afirmaciones claras:

-Existe una profunda interconexión entre la mente y el mundo físico.

-La mente no está limitada a puntos específicos del espacio ni del tiempo, como lo están el cerebro y el cuerpo. A través de la intención / voluntad puede influir en el mundo físico actuando de modo extendido o no local.

Después de una década de rigurosa experimentación, investigadores de la universidad de Princeton demostraron en 1987 que la mente es capaz de interaccionar con la realidad física, al concluir que los seres humanos pueden influir, mediante concentración mental, en el funcionamiento de ciertas máquinas.

La física está integrando la conciencia en sus formalizaciones teóricas. Como ya sabemos, se ha demostrado que el estado probabilístico de una partícula se colapsa en una entidad concreta cuando es medida u observada. Según esto, es la conciencia del observador la que crea la realidad, dándole forma a partir de una nube de probabilidades previas. Según el físico David Bohm, la interacción del observador influye en la manifestación externa del orden oculto: la realidad oculta o su interacción con la física está influida por "lo mental".

Como hemos visto en anteriores capítulos, aplicando los conocimientos que nos ofrece la física cuántica a la biología de un organismo puede entenderse este como un entramado complejo de campos de energía, en el que la conciencia del individuo puede tener una influencia crucial.

Los seres vivos son una configuración energética dentro de un campo de energía subyacente conectado con el resto del mundo. Ese campo conecta todas las formas de materia, incluyendo a todos los seres, con sus pensamientos e intenciones. Cualquier cosa tiene una conciencia, los árboles, las rocas, las células individuales, hasta los cuántos la tienen, cada uno en su escala limitante. Cualquier cosa que se piensa o se hace influye en el resto del cosmos, y viceversa. Los individuos sólo son elementos que pertenecen a un orden superior, como las células especializadas de un cuerpo.

Más allá de lo que puede percibirse mediante los cinco sentidos, existe una realidad mayor, un dominio no físico, que no puede ser reconocido con aquellos, porque un conjunto o todo no puede describirse en términos de una parte o subconjunto. Como consecuencia, al dejar de concebir a los seres vivos como fundamentalmente separados, resulta concebible que alguien, bajo determinadas condiciones, pueda tener acceso directo a la experiencia subjetiva de otro ser.

Así cada conciencia individual es una parte del todo superior. El conocimiento consciente de cada individuo o consciencia individual informa a su vez a la matriz cósmica de la conciencia. devolviendo el reflejo a ese campo de conciencia no local, cuanto mayor es la percepción y la acción consciente. El autoconocimiento y la expresión individual son necesarios para reflejar una contribución consciente de vuelta hacia la Conciencia Fuente.

Con el propósito de alinearse con el orden invisible, el individuo puede encontrar sentido a su existencia. La firmeza y corrección en los actos individuales facilitarían la consecución de la coherencia en una Conciencia Global del espacio- tiempo.

Nuestras identidades en el espacio tiempo son parte de ese campo infinito o conciencia universal, el estado fundamental del cosmos al que se refiere Laszlo, en definitiva, el Tao. Seguir los principios del Tao, practicar las acciones adecuadas o aprender sus lecciones, servirían para desarrollarse y purificarse.

La oración, o llevar un símbolo sagrado, son actos mentales intencionales de querer influir en la realidad. Nuestras intenciones son anteproyectos superpuestos del mundo. Tardan en realizarse lo que tarda la inter-conectividad en conciliar las intenciones coincidentes de otros individuos. Sus resultados positivos no tienen por qué ser casuales, lo que ocurre es que aún no se ha desarrollado una teoría aceptable para explicar los efectos de la mente sobre la materia. Sería interesante tratar de estudiar esta influencia usando métodos y principios científicos.

Entendiendo al individuo como algo aislado, la oración es sólo un pensamiento, pero considerando al individuo como un holón[16] , formando parte de algo mayor que él, entonces la oración adquiere sentido y funciona al conectarlo con la unidad superior, mediante el sentimiento de pertenencia y de ofrecimiento, junto al de gratitud. Al ser un holón, la voluntad de la unidad mayor es la del individuo, y la de éste debe ser la de aquella. Al saber esto, el individuo sólo debe mantener una firme corrección y dejarse llevar, observando cómo todo funciona en sincronía.

---

[16] Se denomina holón a cualquier sistema que es a la vez una parte y un todo, influyendo y estando influido tanto por sus propios subsistemas como por el sistema mayor del cual forma parte.

En un ámbito más cotidiano, al ampliar la consciencia, las respuestas a los problemas llegan mediante experiencias directas, y si nos apercibimos de ello lo llamamos sincronicidad, fenómeno que suele describirse como "conexión significativa entre un acontecimiento espacio-temporal y una experiencia psíquica personal". La sincronicidad sería una manifestación de la no-localidad de la dimensión profunda, y una prueba de la interconexión de todo.

Los científicos observan la conciencia desde fuera, midiendo la actividad del cerebro y el cuerpo, o recopilando los relatos de las experiencias de los sujetos. En el lado opuesto, los meditadores estudian la conciencia desde adentro, mediante la introspección.

En la actualidad se están estudiando experimentalmente de manera científica los llamados fenómenos parapsicológicos, obteniendo numerosos resultados que, en un 99,9%, no pueden deberse al azar. Algunos investigadores, como Dean Radin, estudian los fenómenos psíquicos parapsicológicos como la telepatía, la clarividencia, la precognición o la psicoquinesis.

La parapsicología incluye la aplicación de métodos científicos académicos ortodoxos a esa clase de experiencias o fenómenos relacionados con la conciencia poco comprendidas hasta ahora. Los fenómenos parapsicológicos, llamados psicoides por C. G. Jung y el neovitalista Hans Driesch, ocurren en la zona intermedia entre la conciencia y el mundo material. Dichos acontecimientos psicoides serían situaciones en las que la conciencia deja de estar localizada espacio-temporalmente y adopta la capacidad de orquestar el comportamiento de diversos integrantes del espacio-tiempo, como ocurre en la creación del propio mundo fenoménico. Podría describirse como el cambio de la conciencia localizada en el espacio-tiempo al régimen dimensionalmente superior de nuestro dominio de coherencia.

La idea de que el pensamiento puede influir directamente sobre la realidad, sin mediación física alguna, se ha popularizado últimamente con algunas obras de autoayuda. Lejos de obedecer a mera fantasía, estas ideas se fundamentan en numerosos fenómenos observados durante experimentos del tipo descrito anteriormente, aunque la ciencia aún está muy lejos de describir con exactitud lo que ocurre en los casos estudiados.

En general, puede afirmarse con bastante seguridad que existe una fuerza de vida consciente fluyendo por el Universo, una conciencia colectiva en la que habría propósito y unidad, y lo que un individuo hace y piensa sí importaría porque influye en la recreación continua o iterativa del mundo.

BIBLIOGRAFÍA

Achterberg, J. et al. Evidence for correlations between distant intentionality and brain function in recipients: a functional magnetic resonance imaging analysis. J Altern Complement Med. 2005 Dec, 11..

Aspect, A., Grangier, P. & Roger, G. Experimental Realization of Einstein-Podolsky-Rosen-Bohm Gedankenexperiment: A New Violation of Bell's Inequalities. Physical Review Letters. 1982.

Behe, M. J. La caja negra de Darwin: el reto de la bioquímica a la Evolución. Editorial Andrés Bello, 2000.

Bekenstein, J. Universal upper bound on the entropy-to-energy ratio for bounded systems. Physical Review D, Vol. 23, No. 2, January 15, 1981.

Bohm, D. La totalidad y el orden implicado. Editorial Kairós S.A.. 1999.

Chopra, D. & Kafatos, M. You are the Universe. Harmony books. 2017

Costa de Beauregard, O. The Paranormal is not Excluded from Physics. Journal of Scientific Exploration, Vol. 12, No. 2. 1998

Crick, F. The Astonishing Hypothesis : The Scientific Search for the Soul. Touchstone. New York. 1995.

Del Giudice, E., De Ninno, A., Fleiscmann, M. et al. Coherent Quantum Electrodynamics in living matter. Electromagnetic Biology and Medicine 24:3. 2005.

Dossey, L. Tiempo, Espacio y Medicina. Kairós. 2010.

Dossey, L. La oración es buena Medicina. Harper Collins. 2015.

Dossey, L. Recovering the Soul. Bantam. New York. 1989.

Einstein, A., Podolski, B. & Rosen, N. Can Quantum-Mechanical Description of Physical Reality Be Considered Complete? Phys. Rev. 47, 777 - Published 15 May 1935.

Eisenstein, C. Qualitative Dimensions of Collective Intelligence: Subjectivity, Consciousness, and Soul. Spanda Journal 2. 2014.

Eliade, M. El chamanismo y las técnicas arcaicas del éxtasis. Fondo de Cultura Económica. 2001.

Emoto, M. Mensajes del agua. Ed. Liebre de Marzo. 2014.

Georgi, H., Quinn, H. R. & Weinberg, S. Hierarchy of Interactions in Unified Gauge Theories. Phys. Rev. Lett. 33, 451 - August 1974.

Frecska, E. Nonlocality and intuition as the second foundation of knowledge. NeuroQuantology: An Interdisciplinary Journal of Neuroscience and Quantum Physics. Vol. 10, Issue 3. 2012.

Greyson, B., Holden, J. M., & van Lommel, P. There is nothing paranormal about near-death experiences' revisited: Comment on Mobbs and Watt. Trends in Cognitive Sciences. 2012.

Grof, S. El juego cósmico. Kairós. 1999.

Grof, S. La psicología del futuro. La liebre de marzo. 2002.

Hanada, M., Hyakutake, Y., Ishiki, G., Nishimura, J. Holographic Description of a Quantum Black Hole on a Computer. Science, AOP 17 Apr 2014.

Hanson, R. & Shalm, K. Spooky action. Scientific American, Vol. 319, Nº. 6, 2018.

Henry, R. The mental Universe. Nature 436, 29, 2005.

Hensen, B., et al. Experimental loophole-free violation of a Bell inequality using entangled electron spins separated by 1.3 km. Nature 526. 2015.

Hill, M. "Adaptive state of mammalian cells and its nonseparability suggestive of a quantum system". Scripta medica 73:4. 2000.

Huxley, A. La filosofía perenne. Editora y Distribuidora Hispano Americana, S.A. 2010.

Jahn, R. & Dunne, B. Consciousness and the Source of Reality. ICRL Press. 2011.

Jahn, R. G.,Dunne, B. J., & Nelson, R. D. Engineering Anomalies Research. Journal of Scientific Exploration. Vol. 1. No. I. 1987

Jibu, M.. Hagan, S. Hameroff, Stuart.R. et al. "Quantum Optical coherence in Cytoskeletal Microtubules; Implications for brain function". Biosystems 32:3. 1994.

Jung, C.G. Arquetipos e inconsciente colectivo. Ed. Paidós. 2009.

Jung, C.G., Pauli, W. La interpretación de la naturaleza y la psique: la sincronicidad como un principio de conexión acausal. Paidós. 1991.

Korzybski, A. Science and sanity. Inst of General Semantics. 1959.

Kuhn, T. S.. La estructura de las revoluciones científicas. Fondo de cultura económica, Mafrid. 1975.

Kwok, S., Zhang, Y. Qualitative Dimensions of Collective Intelligence: Subjectivity, Consciousness, and Soul. Nature. Oct. 2011.

Laszlo, E. El cambio cuántico, Editorial Kairós, 2009.

Laszlo, E. La ciencia y el campo akashico. Editorial Nowtilus. 2004.

Laszlo, E. La naturaleza de la realidad. Editorial Kairós. 2017.

Lorimer, D. Más allá del cerebro. Kairós. 2014.

Maldacena, J. & Susskind, L. Cool horizons for entangled black holes. Fortschritte der Physik, vol. 61, issue 9.

Mandelbrot, Benoit; Freeman, W.H. & Co. La Geometría Fractal de la Naturaleza. Tusquets. Metatemas . Octubre 1997.

McTaggart, L. El Campo. Ed. Sirio. 2002.

Montecucco, N. F. The unity of conciusness, synchronization and the collective dimension. World Futures, 48. 1997.

Nadeau, R. & M. Kafatos, M. The non local universe. Oxford University Press. 2001.

Ortoli, S. & Pharabod, J.P. El cántico de la cuántica. Gedisa 2012.

Pauli, W. Escritos sobre fisica y filosofia. Debate. 1997

Peat, D. Sincronicidad. Ed. Kairós. 8ª ed. Noviembre 2013.

Penfield, W. El misterio de la mente. Pirámide. 1977.

Pietsch, Paul. Shufflebrain. Houghton Mifflin Harcourt. 1981.

Pizzi, R., Fantasia, A. Gelain, F. et al. Non local correlations between separated neural networks. Quantum Information and Computation II 107. 2004.

Planck, M. Interview with Max Planck. The Observer. 25 de Enero de 1931.

Planck, M. Das Wesen der Materie, Discurso dado en Florencia en 1944. Tomado de Archiv zur Geschichte der Max -Planck-Gesellschaft, Abt. Va, Rep. 11 Planck, N. 1797.

Popp. F.A. Biophotons. Res. Adv. in Photochem. & Photobiol. Vol 1. 2000

Popp. F.A., Gu, Q. & Li, K.H. Biophoton emissions: Experimental background and theoretical approaches. Modern Physics Letters B. Vol 8.. N 21-22. 1994.

Popp, F.A.: Coherent photon storage of biological systems. In: Popp, F.A., Becker, G., König, H.L, Peschka, W. (Hrsg.): Electromagnetic Bio-information. Proceedings of the symposium, Marburg, 5. September 1977. Urban & Scharzenberg, München-Wien-Baltimore 1979.

Pribam, Karl. Languages of the Brain: Experimental Paradoxes and Principles in Neuropsychology.Brandon house. 1971.

Prigogine, I. From being to becoming: Time and complexity in the Physical Sciences. San Francisco. W.H.Freeman. 1980.

Prigogine, I. & Stengers, I. La nueva alianza. Metamorfosis de la ciencia. Madrid, Alianza, Tercera reimpresión de la segunda edición en Alianza Universidad: 2002.

Quellette, J. Cuerpos negros y gatos cuánticos. Belacqua Ediciones S.L.. 2008.

Radin, D. et al. Psychophysical interactions with a single-photon double-slit optical system. Quantum Biosystems. Vol 6, Issue 1, 2015.

Radin, D. I., Nelson, R. D. Evidence for consciousness-related anomalies in randomphysical systems. Foundations of Physics, 19, 12. 1989.

Rahnama, M., Tuszynski, J., Bókkon, I. et al. Emission of mitochondrial biophotons and their effect on electrical activity of membrane via microtubules. Journal of integrative neuroscience 10:1. 2011.

Rein, G. & McCraty, R. Local and non local effects of coherent heart frequencies on conformational changes of DNA. Proceedings of the joint USPA/IAPR Psychotronics Conference. Milwaukee. 1993.

Ring, K., Cooper, S. Mindsight: Near-Death and Out-of-Body Experiences in the Blind.iUniverse. 2008.

Schmidt, H. The Strange Properties of Psychokinesis. Journal of Scientific Exploration, Vol. 1, No. 2, 1987

Schwartz, S. Nonlocality and exceptional experiences: A study of genius, religious epiphany, and the psychic. Explore July/August 2010, Vol. 6, No. 4.

Schwartz, S. Through Time and Space. The evidence for remote viewing. En Broderick, Damien & Groetzel, Ben (eds.). The evidence for Psi. Jefferson, North Carolina. McFarland, 2015.

Sheldrake, R. Una nueva ciencia de la vida. La hipótesis de la causación formativa. Barcelona: Editorial Kairós, 1990. 4ª edición, Abril 2011.

Sheldrake, R. The Sense Of Being Stared At: And Other Aspects of the Extended Mind. Arrow. 2004.

Skulachev, V.P. Mitochondrial filaments and clusters as intra-cellular power-transmitting cables. Trends in Biochemical Science 26:1. 2001.

Sullivan, J.W.N. Interview with Max Planck. Observer, Londres, 25 de Enero de 1931. Citado en Philosophical Aspects Of Modern Science. Londres, 1932.

Sun, Y., Wang, C. & Dai, J. Biophoton as neural communication signals demonstrated by in situ biophoton autography. Photochemical & Photobiological Sciences 9:3. 2010.

Talbot, Michael. El universo holográfico. Palmyra. 2007.

Targ, R., Puthoff, H. et al. Mind-Reach: Scientists Look at Psychic Abilities . Hampton Roads Publishing. 2005.

Tesla, N. My Inventions and Other Writings. Penguin Classics. 2012.

Thar, R. & Kühl, M. Propagation of electromagnetic radiation in mitochondria? Journal of theoretical biology. 230:2. 2004.

Van Lommel, P. Consciousness Beyond Life. Harper One. New York. 2007.

Van Raamsdonk. Building up spacetime with quantum entanglement. M. General Relativity and Gravitation. October 2010, Volume 42, Issue 10.

Vozmediano, F. El Origen de las Formas. Un curso introductorio a la ciencia de la Complejidad. Book on Demand. 2024.

Website of the International Institute of Biophysics: http://www.lifescientists.de

Website Manifiesto por una Ciencia Posmaterialista: http://www.opensciences.org/about/manifesto-for-a-post-materialist-science

Wheeler, J.A. Un viaje por la gravedad y el espacio-tiempo. Libros Singulares. Grupo Anaya. 1994.

Wheeler, J.A., Ford, K. Geons, Black Holes, and Quantum Foam: A Life in Physics. W. W. Norton & Company. 2000.

Wilber, K. Breve historia de todas las cosas. Kairós. 1997.

Wilber, K. El proyecto Atman. Kairós. 1989.

Zhang, C.L. Electromagnetic body versus chemical body. Networkk, 81 (2003). Website of the International Institute of Biophysics: http://www.lifescientists.de

Zukav, G. El asiento del alma. Obelisco. 2008.